U0304421

浪花朵朵

我的草根观察图鉴

〔日〕奥山久 著　程俐 译

中原出版传媒集团
中原传媒股份公司

大象出版社
·郑州·

卷首语

　　一说起画花花草草，大家都会去画看得到的花、果、茎、叶，却几乎没有人会连同根也一起画下来吧？这是因为大家平时看不到根的缘故。在本书中，我们会按照植物生长的地点将草根分成四大类，并以图画和照片的形式一一呈现给大家。

　　本书中绘制的草根，有的很小，有的大得惊人，有的奇形怪状。我们尽可能按照挖出来的草根形状如实绘制。只是植物的根在不断长大变粗，所以大家挖到的根不一定与图中完全一致。

　　平时，大家习惯把由叶子、茎干变化而来的鳞茎以及块茎等都称作"根"，不过在这本书里我们会将它们一一区分开来。如果你能在阅读本书的基础上进行实地勘察，那么你就能对根了如指掌。

目 录

开启草根的观察之旅 ····················· 4

可以在野地、堤坝上找到的草根 ········· 6

野 蒜 ······························· 7

石 蒜 ······························· 8

加拿大一枝黄花 ····················· 9

西洋蒲公英 ························· 10

款 冬 ····························· 12

艾 草 ····························· 13

美洲商陆 ··························· 14

千叶萱草 ··························· 15

羊 蹄 ····························· 16

酸 模 ····························· 17

虎 杖 ····························· 17

可以在田里、房屋附近找到的草根 ····· 18

蜘蛛抱蛋 ··························· 19

白 及 ····························· 20

桔 梗 ····························· 22

铃 兰 ····························· 23

红花酢（cù）浆草 ··················· 24

小 茄 ····························· 25

球序卷耳 ··························· 25

可以在杂树林、矮山坡上找到的草根 ··· 26

细齿南星 ··························· 27

薯蓣（yù） ························· 28

山萆薢（bì xiè） ··················· 30

何首乌 ····························· 30

菊 芋 ····························· 31

芒 草 ····························· 32

荻 ································· 32

王 瓜 ····························· 33

葛 ································· 35

山百合 ····························· 36

姥百合 ····························· 37

大鸣子百合 ························· 38

玉 竹 ····························· 38

博落回 ····························· 39

可以在水边、海边找到的草根 ········· 40

薏苡（yǐ） ························· 41

野生萝卜 ··························· 42

明日叶 ····························· 44

大吴风草 ··························· 45

后 记 ······························· 46

开启草根的观察之旅

一个晴暖的冬日，我去堤坝上挖野蒜。野蒜长在地下的部分是一个白色的球根，用这个球根蘸豆酱，或是干炸，都是一道绝佳的美食。我还在野蒜球根旁挖到了一颗硕大的石蒜球根。虽然石蒜的球根比野蒜的大，但石蒜的球根有毒，不能食用，这点着实令人遗憾。

堤坝的斜面上还长着一些麦冬和黑麦冬，它们的叶子还是绿色的。我顺手挖出它们的根来看，发现根尖都长着一个较大的球状物。无论是低矮的小草还是高大的树木，根对它们来说都至关重要。因为根不仅要从地里吸收植物生长所需的水分和养分，还要支撑地上的茎叶，使其茁壮成长。

环顾堤坝四周，既有不畏严寒依旧绿意盎然的草，也有完全枯萎的草。不过，有些多年生草本植物，即便地上的茎叶部分已经枯萎，长在地下的根却依旧存活。"好吧，那就把各种植物的根都挖出来看看吧！"怀着这种想法，我开始了草根的观察之旅。

※ 多年生草本植物：每年都能从同一棵植株上长出茎叶的草本植物。

挖 掘 工 具

所谓草根的观察之旅，不只是观察草根的外观，还需要把植物隐藏在土里的根挖出来进行研究。所以挖掘工具是必不可少的。若是植物的根很小，那用小铁锹挖掘即可，但若是像本书中出现的葛、美洲商陆这些根系较大的植物，则必须动用尖头铁铲才能把它们的根挖出来。

若要非常正规地挖掘草根，就要用到右上侧照片中所示的工具。其中的竹制刮刀是古时候农村经常使用的挖草工具。准备就绪后，你就可以选个风和日丽的日子，邀上好友一起去进行草根观察喽。

各 式 各 样 的 根

虽然都称为"根"，但根也种类繁多。就算是同一种植物，其根的长短和大小也会因生长时间、种植地点的不同而有所差异。左侧照片上的是在某个山村公园里找到的一棵巨型榉树。一看便知，正是那隆出地面的庞大根系支撑着粗壮硕大的树干。

挖开长在堤坝或野地里的大蓟一看，你会发现它长着很多结实的根（详见左侧照片）。

玉米茎节基部长有节根，叫支柱根。支柱根有支撑玉米又高又长的茎秆不倒伏的作用（详见右侧照片）。

侧根

主根

把越冬的大叶苣荬菜从土里挖出来，可以看到一根像牛蒡一样笔直的粗根（主根）和一些细根（侧根）（详见左侧照片）。

把生长在田里或庭院中的早熟禾的根挖出来，可以看到很多排列紧密的细根（详见右侧照片）。这种根叫须根。

须根

根的构成

直接与茎干相连的比较粗的根叫作主根，生长在主根侧面细细的根叫作侧根；主根早期停止生长，在茎干基部长出的很多细根叫作须根。

根的作用

1）从土壤中吸收水分和养分输送给茎。

2）固定和支撑茎、叶、花等露在地面的部分，使其能够经受风吹雨淋，不易倒伏。

除此之外，甘薯和大丽菊等的"块根"、胡萝卜和萝卜的"肉质根"，也具有储蓄水分和养分的作用。

长在地下的其他器官

本书"草根"一词中的"根"，除真正的植物根之外，还包括地下茎在地下横向生长的"根状茎"（如生姜等）、地下茎积蓄养分后长大的"球茎"（如芋头等）和"块茎"（如土豆等），还有经常被称作球根、大部分由叶子构成的"鳞茎"（如洋葱等）。它们也和"根"一样，对植物生长发挥着非常重要的作用。详细内容请参阅第 46 页。

可以在野地、堤坝上找到的草根

虽然在野地和堤坝上生长的草类多达数百种，但每种草都有偏好的生长环境，并不是任何地方都可以找到它们的踪影。即便是蒲公英这种随处可见的植物，也不会生长在水边和照不到阳光的地方。有些草只能生长在温暖的南方，相反，有些草却只能在寒冷的北方长大。

我经常去堤坝南面的斜坡，那里有许多冬天也长着绿叶的小草，还有个头较大的芥菜和紧贴着地面生长的蒲公英。即便在满眼皆是枯草的野地，只要你拨开草丛仔细观察，依然能从中发现各种种子和绿色的小草。若是挖出小草来看，你会发现它们的根各不相同。

野 蒜

野蒜长在地下的部分包括白色的球状鳞茎和鳞茎下长出的根。人们习惯把鳞茎叫作球根，实际上鳞茎并不是根，而是叶子的集合体。

10月时，野蒜会从鳞茎上抽出细长而圆润的叶子来过冬。到了来年5—6月，粗壮的花茎会直立起来，长出花朵和**珠芽**。

几乎所有的花都会变成珠芽，最终散落在野蒜母株的四周

※ **丛生**：是指植物聚集在一起生长繁殖。

※ **珠芽**：长在叶子基部或花上的球状幼芽。

※ **分鳞茎**：从腋芽中形成的小鳞茎，可供繁殖，形成新的植株。

由于鳞茎也会**分鳞茎**繁殖，所以野蒜经常**丛生**在一起

野蒜**丛生**在一起形成野蒜地。自古以来，人们就把野蒜当成野菜食用

石 蒜

石蒜在地下会长出鳞茎，鳞茎下有结实的根。为了帮助鳞茎深入地下，它的根会不断皱缩，所以就产生了不少褶皱。石蒜即使开了花也不会结果，地下的鳞茎会在开花后分离开，形成更大的鳞茎集合体。

9月中旬开出红色的花，花谢后长叶

石蒜的鳞茎虽有毒，但也一度成为人们的食物

加拿大一枝黄花

加拿大一枝黄花（别名黄莺）的根状茎在横向、纵向生长的同时，能不断长出新芽，最终大量丛生。它的根状茎和根周围会分泌出一种物质，这种物质对其他植物的生长有很强的抑制力，甚至会抑制加拿大一枝黄花自身发芽。所以加拿大一枝黄花的根具有强大的侵略性，可使周围其他杂草不能生长。

加拿大一枝黄花是原产于北美的**归化植物**，高可达 2~3 米。到了 10—11 月，茎的顶端会开出黄花。每一株加拿大一枝黄花都会产生大约 5 万粒种子，这些种子会随风扩散。

※ 归化植物：本地原本没有，从外地传入或侵入的植物。

粗的部分是加拿大一枝黄花的根状茎，从根状茎上长出的细小部分便是它的根

每到秋天，人们经常可以在空地上看到加拿大一枝黄花开出的黄色花朵

西洋蒲公英

　　西洋蒲公英会将根深植于泥土之中，就算长在地上的部分被铲掉，或者根被切成薄片，它也能从被切断的根上重新萌发出新芽。它还极易繁殖，就算不授粉也能结出种子。西洋蒲公英原产于欧亚大陆，在中国主要分布于新疆各地，后传至美洲、澳大利亚、日本等地。

西洋蒲公英的根会逐年变粗变长，如果不动用尖头铁铲就无法把它的根从土里挖出来

如果把西洋蒲公英的根切成薄片后种在土里，它也能从这根中萌出新芽

西洋蒲公英的种子（正确的说法应
是带有种子的果实）披着茸毛。下面让
我们来看一看种子是如何成长的吧！

将花纵向对半切开，可以看到
长有种子的部分

④个头长得比花
还高，带着种子
的茸毛开始飞散

③种子成熟

⑤茎干完全枯萎

①完全盛开的
蒲公英花

②种子形成

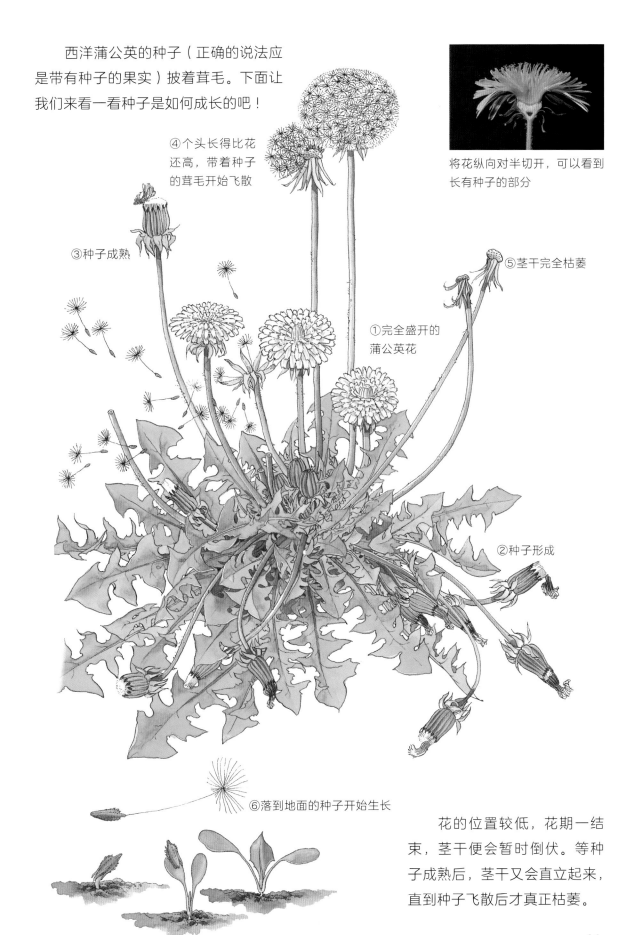

⑥落到地面的种子开始生长

花的位置较低，花期一结
束，茎干便会暂时倒伏。等种
子成熟后，茎干又会直立起来，
直到种子飞散后才真正枯萎。

款 冬

款冬（别名蜂斗菜）的根状茎在地下横向匍匐蔓延，而后发芽，所以款冬也是丛生植物。挖出来就会看到，它的根状茎很粗，也很长，有的甚至长达 1 米，简直令人难以置信。款冬长长的根状茎上方竟长着顶芽，其他地方还长着叶芽。

款冬雌雄异株，雄株上雄花的花粉略带黄色

雌株上的花比雄株的略白，能长出披白色茸毛的果实

艾 草

过了夏至，艾草的根状茎便在地下匍匐蔓延开来。它的根状茎很长，可以在地下连成一片，但在地上看起来仍是一株株单独的艾草。

艾草的花在日头渐短的秋季绽放，果实会被风和河流带去其他地方。叶子可以制成艾绒，用于艾灸。揉搓艾草叶子时，可以闻到艾草的香味。

艾草根状茎发达，有的甚至能长到 2 米长

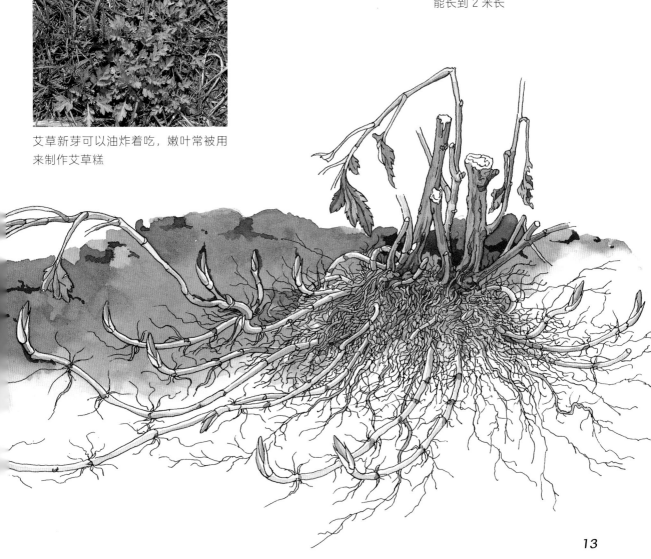

艾草新芽可以油炸着吃，嫩叶常被用来制作艾草糕

秋天，美洲商陆葡萄般的果实
会一串串地垂挂下来

将根横切开，可以看到
根上的年轮

美洲商陆

　　美洲商陆的根像树一样粗，挖出来能吓人一跳。在这粗壮的根上长着许多芽头，根会分泌出抑制其他植物生长的物质。状似牛蒡的根和形似葡萄的果实皆有毒，不可食用。美洲商陆是原产于北美洲的归化植物，明治初期传入日本，在中国最早发现于20世纪30年代。它的植株可达2米高，根粗得可以赶上普通小孩的胳膊。

有些美洲商陆的根大得惊
人，直径可达12厘米

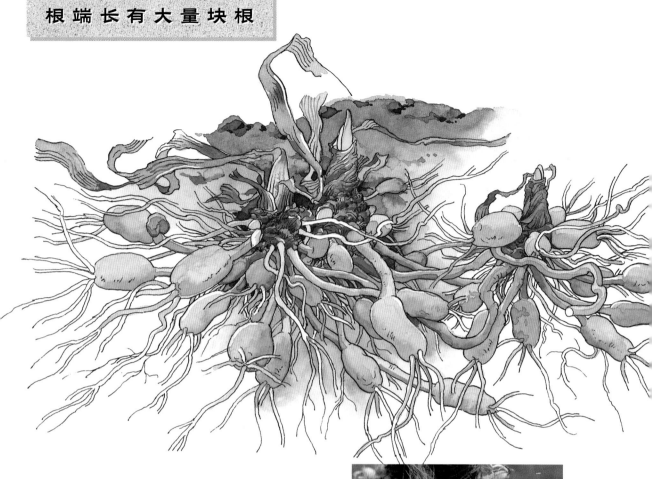

千叶萱草

　　千叶萱草的根上长满贮藏养分的肥大块根，千叶萱草就是靠这些块根过冬的。虽然千叶萱草不结种子，却可以通过分离带着芽头的块根进行繁殖。

　　千叶萱草的叶子扁长，可长到40~50厘米长。到了7—8月，千叶萱草就会抽出茎干，开出橘色的花朵。到了秋天，长在地上的部分便会枯萎。

挖出千叶萱草的根来看，可以发现它的根上长了很多块根

这是成片生长在堤坝上的千叶萱草。春天长出的嫩芽可以食用，是很受人们欢迎的野菜

花期只有一天，绽放的第二天便会凋零

羊 蹄

羊蹄是一种大型野草，根系发达又带点黄色，所以常被用来作染色剂。羊蹄的植株很大，它粗大的根上会不断抽出叶子，开花后还会结很多种子。4—6 月，羊蹄的茎干能长到 1 米高，开出无数小花，到了 6—8 月便会结果。羊蹄秋天萌芽，靠**基生叶**过冬。

好大的植株

※ 基生叶——从根上生出的叶子。

酸 模

酸模（别名野菠菜）的根扎得浅，根状茎却又短又粗。到了 5—8 月，酸模就会竖起高高的茎干，开出花朵。酸模分雌雄株，雌株到了秋天会结很多果实。

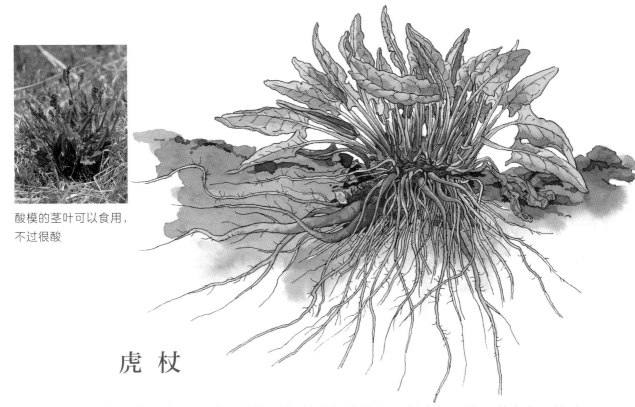

酸模的茎叶可以食用，不过很酸

虎 杖

虎杖（别名酸筒杆）往往大量丛生，粗壮的根状茎会不断生长延伸。若在冬天挖出它的根来看，会发现根上长着一些红色的芽头。它的种子随风飘散，传播甚广。它的生长速度也很快，通常会在未经翻整的土地上第一个破土而出。植株一般高 50~150 厘米，雌株叶子基部长着白色的长穗花序

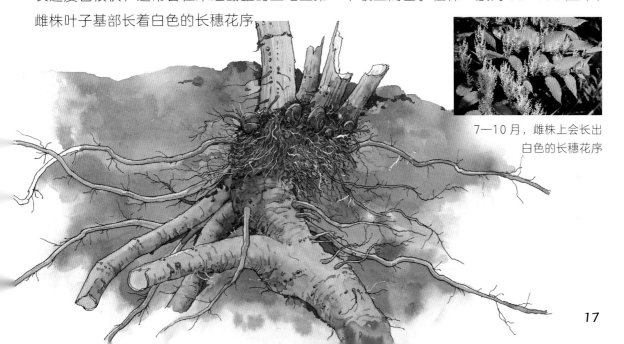

7—10 月，雌株上会长出白色的长穗花序

可以在田里、房屋附近找到的草根

　　但凡家中有院子的人家，都会在院子里种上些花花草草。至于他们所种花草的品种和数量，当然由这家人的喜好决定。春去秋来，在花草丛中漫步，欣赏它们的更迭交替，着实让人心旷神怡。但若是想要挖出它们的根来探个究竟，还是种在自家院中的花草最为适宜。

　　挖出自家院子里种的白及，你会发现它的根竟然长得像蜗牛一样。是的，在我们的身边，有许多这样让人惊叹的草根。它们有些是不会在花坛中邂逅的野生花草的根，有些是长在院里、田地周围或是路边极少受人关注的花草的根。神秘的地下到底都隐藏着一些什么样的草根呢？

蜘蛛抱蛋

蜘蛛抱蛋（别名叶兰）的根状茎会匍匐于地表，抽出绿叶，细细的根则在地下生长，支撑着叶子。到了4—5月，蜘蛛抱蛋便会在紧贴着地面的地方开出紫红色的花朵，不过很小，不太容易被注意到。据说，蜘蛛抱蛋依靠**食蚜蝇**传播花粉。

它长约50厘米的大叶子常被用来做菜，或做料理中的装饰品。

※ 食蚜蝇：一种小型蝇类。

圆形果实中含有大颗种子

即使在冬天，蜘蛛抱蛋的叶子也是绿色的

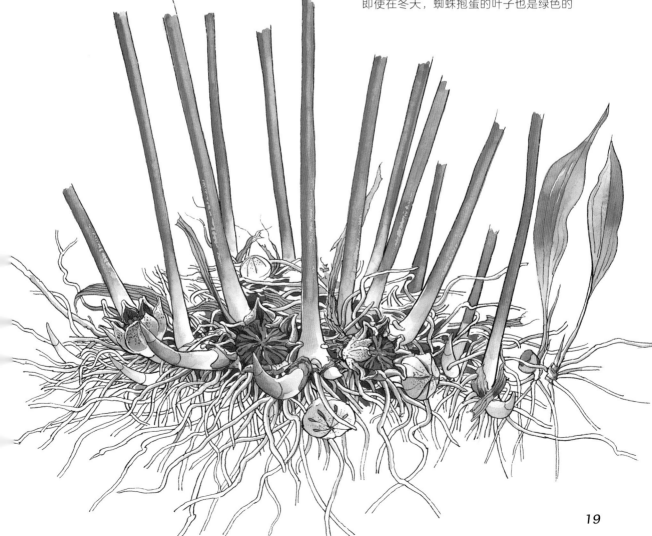

白 及

挖出白及的根来看，只见一个个小蜗牛似的圆形根（又称**假鳞茎**）紧挨在一起，非常有趣。粗壮的根状茎将它们连接起来，形成一个大的团块。虽然与长在山区的兰花同属一类，但迄今为止，我都没遇见过野生的白及。到了 4—5 月，白及会开出紫色的花，结出粉末一样的小种子。

※ 假鳞茎：鳞茎的一种，结构与块茎相近。

白及花开得非常旺盛，当花坛里开满了白及花时，真的很漂亮

生长在湿地里的朱兰是白及的同类。凡是兰花的同类都有假鳞茎

春天开花、生长在杂树林中的春兰也是白及的同类。很多人都喜欢把春兰种在自家的院子里

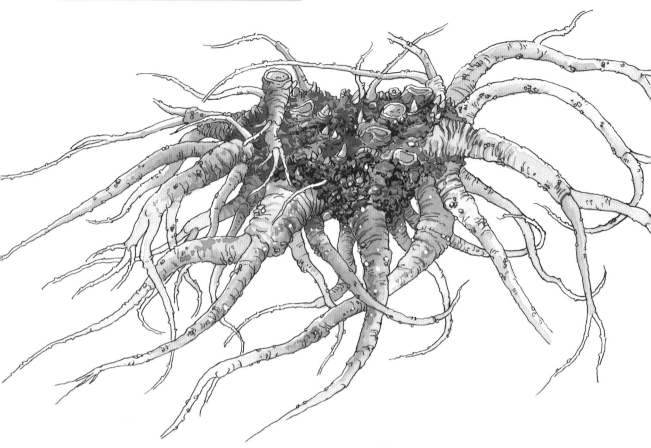

桔 梗

我把生长了 6 年的桔梗从土里挖出来，发现它的根像长了很多脚的外星生物，而且根上还冒出了很多新芽。桔梗的根也是一种草药。野生桔梗是濒危物种，极为少见，院子里常见的桔梗多为改良后的园艺品种。桔梗从 7 月开始陆续开花，是日本"秋日七草"（译者注：日本"秋日七草"是指代表日本秋天的七种花草，即胡枝子、芒草、葛、瞿麦、败酱、佩兰和桔梗）之一。

野生桔梗的花最多只有四五朵，而园艺品种的桔梗则可以开出很多花

花蕾像鼓起的五角星

铃 兰

我挖出了完全枯萎的铃兰根，发现根状茎下连着许多须根。每到 4—6 月，铃兰都会绽放出铃铛般的花朵，芳香宜人，所以很多人都喜欢把铃兰种在花坛里。只是，铃兰的根状茎、花朵和果实都是有毒的。在寒冷的野外或是山区也可以见到它的身影，不过种在花坛里的多为德国铃兰。

只有在茎干的上部才会开出铃铛般的纯白色花朵

铃兰秋天会结出红色的果实

红花酢（cù）浆草

　　我将红花酢浆草（别名铜锤草）从土里挖出来，发现它肥大的根上布满鳞茎。红花酢浆草会开花，却不产生花粉，所以没有种子，依靠鳞茎分裂繁殖。红花酢浆草是原产于南美洲的归化植物，曾被作为观赏植物引入，后来又野生化了。与红花酢浆草长相相似的关节酢浆草（别名粉花酢浆草），是通过长出很多土豆似的块茎繁殖的。

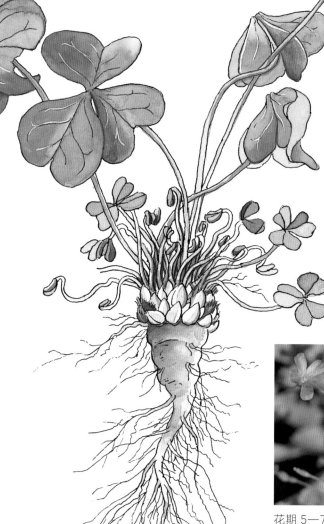

在肥大的根上部长着许多鳞茎

花期 5—7 月。花的雌蕊呈淡淡的黄绿色，雄蕊呈白色

小 茄

草根并不全是粗壮的根，也有长得像胡须一样细细的根。虽然小茄长的是这种须根，但它可是能存活 3 年以上的多年生草本植物。

到了 5—6 月，叶子基部就会开出直径为 5~7 毫米的小黄花

球序卷耳

球序卷耳（别名婆婆指甲菜）长着看似柔弱的须根，但它分布很广，在路边经常看见。因为它可以自花授粉，然后结果，所以种子的数量很多。

4—5 月间，茎干上会开出小花

25

可以在杂树林、矮山坡上找到的草根

  不管是生长着芒草和胡枝子的野山坡，还是能找到葛和菊芋的杂树林，都是我喜欢去的地方。给花儿虫儿拍照，采撷树木的果实，和朋友一起挖薯蓣，去的也都是这些地方。

  踩着干巴巴的枯草落叶，漫步于冬天里的杂树林时，我们发现了细齿南星的鲜红果实。这些鲜红的果实看似是小鸟的美食，实则有毒，所以总是无人问津。我们拔出一根细齿南星粗壮的茎干，一同露出地面的还有像年糕一样的白色根系。我们甚至还可以找到王瓜、何首乌、山百合等奇形怪状的根。

细齿南星

细齿南星长在地下的圆疙瘩是与土豆一样的球形块茎，块茎中贮藏有大量养分。茎干上的花纹很像蝮蛇，块茎和红色果实均有毒。细齿南星生长在山道旁的背阴角落，有雌株和雄株之分，雄株长大后会变成雌株，真是不可思议。

挖出来的块茎简直就像一块圆圆的年糕，块茎周围长着细细的根

细齿南星 4—6 月开花，花形有点像蛇的脑袋

秋天，红色的果实成熟，不久便与茎干一同枯萎

薯 蓣 (yù)

生长在地下的薯蓣（别名山药）是地下茎膨胀而成的块茎。本页图和右页图中的日本薯蓣是生长在林边或山地的藤本植物，叶子细长，呈心形。薯蓣生命力顽强且富有营养，自古以来就是人们喜爱的食物。如果你想挖些好吃的薯蓣，最好选择那些茎粗叶多的。

这里藏着一些大薯蓣，有的长度甚至超过 1 米

生长的地方不同，薯蓣的形状也不同。竟然还有如此细长的薯蓣

和牵牛花的藤蔓一样，都是向左缠绕的

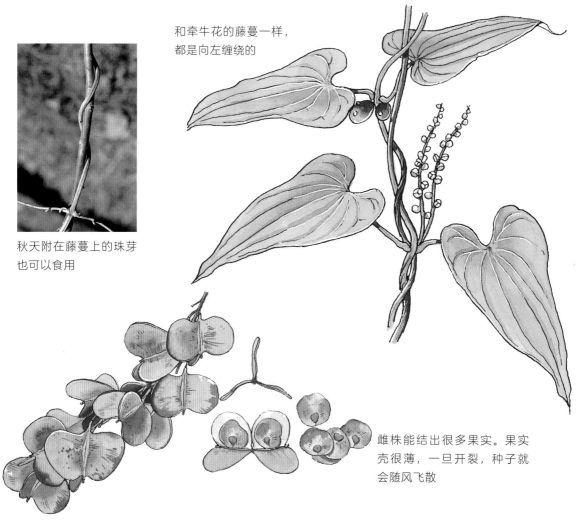

秋天附在藤蔓上的珠芽也可以食用

雌株能结出很多果实。果实壳很薄，一旦开裂，种子就会随风飞散

山萆薢（bì xiè）

山萆薢长在地下的"果实"其实是根状茎。根状茎在地里横向生长，所以很难一下子整个儿挖出来。它的口感很苦，根本无法食用。虽然是薯蓣的同类，但它的藤蔓向右缠绕，也不会长珠芽。

山萆薢也是心形叶，只是叶面较薯蓣略大

何首乌的叶子也呈心形，只是更厚实些

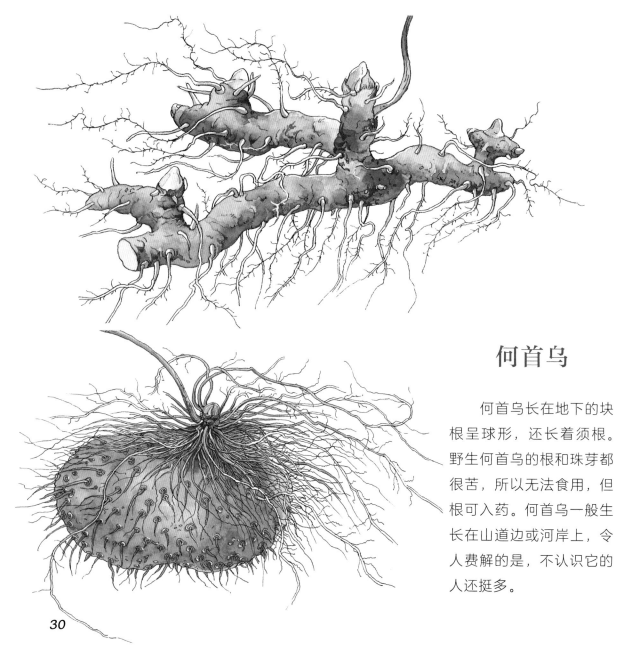

何首乌

何首乌长在地下的块根呈球形，还长着须根。野生何首乌的根和珠芽都很苦，所以无法食用，但根可入药。何首乌一般生长在山道边或河岸上，令人费解的是，不认识它的人还挺多。

菊 芋

菊芋（别名洋姜）和土豆都长有肥大的块茎。菊芋的块茎有紫色有白色，是地下茎末端膨大而成的。菊芋虽是原产于北美洲的归化植物，但因其块茎可食用，19世纪就已经传入中国和日本，目前在中国各地均有种植，而在日本只在空地或林间才能偶尔看见。冬天可以挖到菊芋凹凸不平的块茎。还有一种日本的犬菊芋，花和菊芋非常相似，但犬菊芋只能挖到一些细长的块茎。

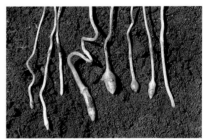

这是挖出来的地下茎。它的末端已经开始变大

菊芋开满枝头的黄色花朵，可剪下花枝以供欣赏

芒草

※茎秆：禾本科植物的茎。

芒草横向生长的根状茎较短，到了第二年，根状茎上长出的**茎秆**基部会抽出很多新茎秆，所以植株会变得很大。从挖出的根上我们发现了很多芽头。

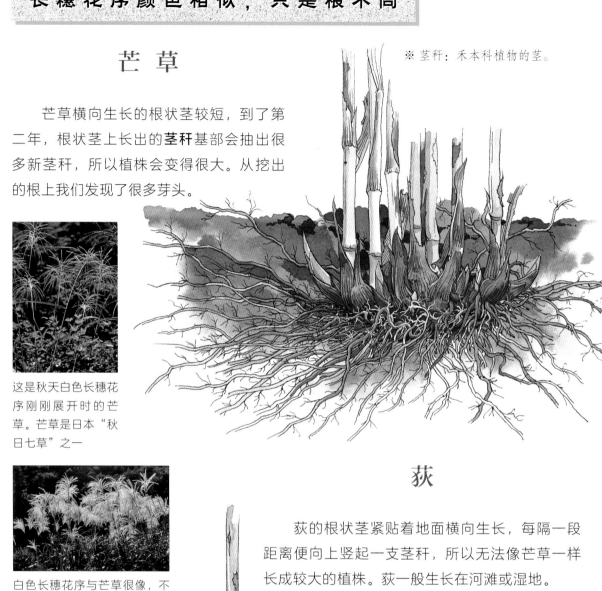

这是秋天白色长穗花序刚刚展开时的芒草。芒草是日本"秋日七草"之一

白色长穗花序与芒草很像，不过荻的长穗花序更大

荻

荻的根状茎紧贴着地面横向生长，每隔一段距离便向上竖起一支茎秆，所以无法像芒草一样长成较大的植株。荻一般生长在河滩或湿地。

块根上长出藤蔓

王 瓜

王瓜在地下除会长出像土豆的块根外，还会从块根上长出藤蔓。一到秋天，藤蔓的末端会钻进土里，形成块根。夏天的夜晚，王瓜会开出带着"蕾丝花边"的白色花朵，到了秋天还会结出红色的果实。王瓜雌雄异株，只有雌株才会结果。

花在夜间绽放，靠飞蛾等动物传粉

从未见到乌鸦去啄这些红色的果实

葛的根很长，也很粗，最粗的部分直径可达 11 厘米。从根中可提取优质淀粉，就是葛粉。

可以做成葛粉的粗壮块根

葛

葛长在地下的根每年都会长大。根和**根瘤菌**共生，相互提供养分，所以即便在养分不足的贫瘠土地上依然能够生长。葛是日本"秋日七草"之一。

※ 根瘤菌：与豆科植物的根共生的细菌。

8—9 月绽放的花会释放出葡萄般的甜美香味

粗根的断面，内含大量淀粉

有时，葛的藤蔓会将其他的树木整个儿覆盖

山百合

　　山百合的鳞茎叫作百合根，因不带苦味，所以自古以来就有人食用。随着鳞茎的逐年长大，茎干上的花朵数量也会逐渐增多。山百合生长在山地、草原和林边等地，有的植株甚至高达 2 米。每逢6—8月，山百合会开出直径15~20厘米的白色大花。目前，人们已经培育出了很多山百合的园艺品种。

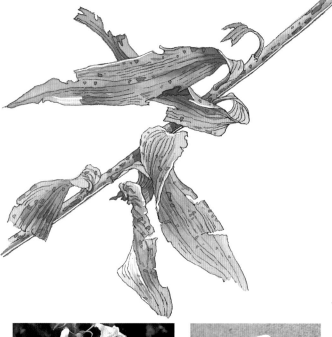

花朵硕大而醒目，会散发出浓郁的香味

较大的百合根。碎根中也能长出芽头

姥百合

将枯萎的姥百合的根挖出来看，会发现被周围小鳞茎簇拥着的大鳞茎。姥百合要生长 6~8 年的时间才能开花。在此期间，只有叶子每年春天现身地面，鳞茎在地下不断积蓄营养，直到开花结果。一株姥百合会散出数千颗种子，随后枯萎。

7—8 月，管状的细长花朵就会横向绽放

舞动成熟后裂开的果实会有无数种子飞散开来

大鸣子百合

大鸣子百合的根状茎像土豆一样，但比较扁平。虽然长于山中草地或林间，却难得一见。开出的花与玉竹的花很像。

这是梅雨时节绽放的大鸣子百合的花朵

这是4—5月绽放的玉竹花

玉 竹

玉竹（别名甜草根）在地下的粗壮根茎横向生长，可食用。你能在林边等地找到它的身影，也常被种在院子里。

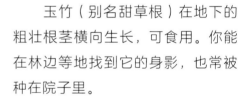

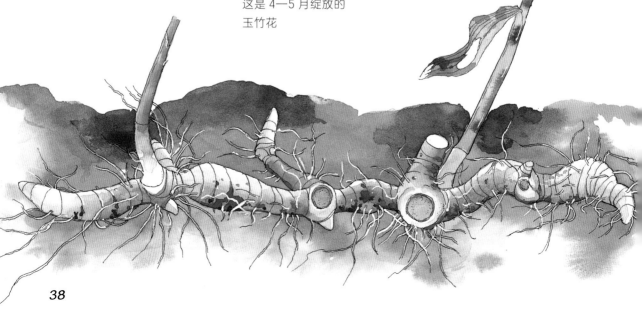

博落回

　　博落回（别名喇叭筒）粗粗的根状茎上有深深的沟槽，上面已经萌出新芽。茎干的中间是空的，切开茎干会有黄色的毒汁渗出。植株可高达 2 米，每逢 7—8 月，茎干顶端会开出许多白花，还会结出浅褐色的扁平果实。博落回常见于荒野和河岸。

我试着用尖头铁铲挖出博落回的根来，它的根状茎比我想象中的要粗、要长

博落回粗达 4 厘米的根状茎。在枯萎的根状茎上可以看到萌出的新芽

茎干顶端开出的白色花朵。花瓣很少，白色的萼片引人注目

可以在水边、海边找到的草根

　　要说野草喜欢生长在什么地方，那就因品种而异了。有些野草讨厌水边潮湿的环境，偏好干燥之地，但接下来我要向大家介绍的恰恰是喜欢生长在水边的草根。

　　若是生长在池塘边或是河边，那在附近就可以找到，但若是生长在海边，就得去很远的地方了。由于我经常去伊豆（编者注：日本的半岛）的朋友家玩，所以可以经常挖到野生萝卜、水芹、大吴风草、明日叶等平时在平地上见不到的草根，回来时也总会带一些可以食用的野草。

　　在水渠边还可以找到结着光滑圆润果实的薏苡。挖出已经枯萎的薏苡根来看，竟然发现它有肥大的根系，而且在这些根系上还排列着来年的新芽。

薏 苡（yǐ）

一株薏苡可以抽出好几根茎秆，地下有向下延伸的须根。薏苡生长在水边，高度可达 1 米。每逢 8—9 月，它便会长出长穗花序，结很多果实。到了冬天它会和果实一同枯萎。果实脱皮后就是人们常说的薏仁、薏米。

薏苡能结出许多光滑圆润的果实。
薏苡种子曾被用来做香囊

长在海边的萝卜

野生萝卜

　　萝卜的根是一种"肉质根"，里面贮存着很多养分。在海边沙地里长大的野生萝卜是萝卜的野生产物，据说把野生萝卜种到田里，施以肥料培养起来，它又会变成萝卜。但野生萝卜的根有很多分枝，与普通的萝卜是不一样的。

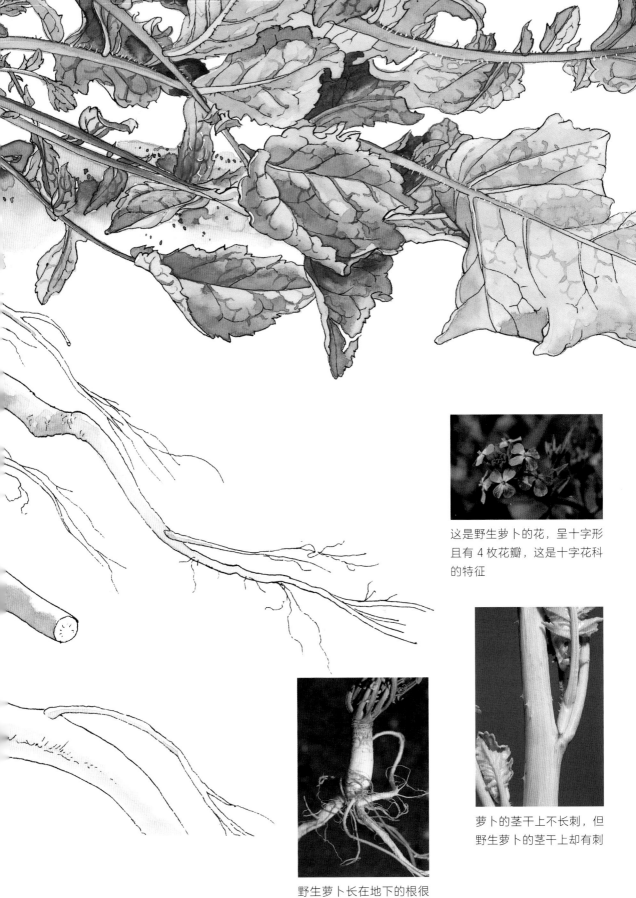

这是野生萝卜的花，呈十字形且有 4 枚花瓣，这是十字花科的特征

萝卜的茎干上不长刺，但野生萝卜的茎干上却有刺

野生萝卜长在地下的根很粗，有很多分枝

明日叶

明日叶长在地下的根状茎非常粗，且有众多分枝。今天摘掉叶子，明天还会重新长出来，明日叶这个名字正是取自此意，但其实下一片嫩叶并不会这么快就长出来。人们也将明日叶作为一种蔬菜栽培。

这样的叶子摘下来最好吃

茎干和根状茎的切口处会有黄色的汁液渗出

44

大吴风草

　　大吴风草地下有凹凸不平的根状茎和向下伸展的根，地上只有叶子。叶子像款冬，又厚实又有光泽。它春天发芽，秋冬时节花茎长得高高的，开花结果，根状茎也开始不断繁殖。虽然有人喜欢把它当成野菜食用，但因为它美丽的花朵很受人们欢迎，所以也被种在院子里。

秋冬时节开出的黄花直径大约有 5 厘米

生长在海边多岩石地带的大吴风草

即便在隆冬，它的叶子也是绿绿的，带着光泽

后 记

在本书中，我试着把越冬的各类草根描绘下来。直到后来，我才发现除了野生萝卜是二年生草本植物，几乎所有的草都是多年生草本植物。草可分为一年生草本植物（春天发芽结果、冬天枯萎的草本植物）、二年生草本植物（秋天萌芽、过冬之后第二年的春夏期间结果的草本植物）和本书中出现最多的多年生草本植物。

在多年生草本植物中，虽然有像野蒜、西洋蒲公英这种在冬天还长着绿叶的植物，但大多数植物都是一旦结果，地上的茎干就完全枯萎。不过，埋在地下的根上长着来年春天就会萌出的新芽，而且可以连续存活数年。当然，即便是同一个种类的植物，根的大小长短也会因生长年数和生长地点的不同而有所差别。

为了完成本书的创作，我请教了很多朋友，所以，也请大家务必和自己的朋友一起进行草根观察哦。首先从我们身边最常见的蒲公英开始吧。

奥山久

生长在地下的主要植物器官种类参考表

原始部位	名 称	说 明	本书中出现的植物名（参考）
叶（茎）	鳞茎	在短缩的变态茎周围包了多层用于贮藏养分的鳞叶，鳞茎的大部分都是由叶子构成	野蒜、石蒜、红花酢浆草、山百合、姥百合 （洋葱、大蒜）
茎	球茎	长在地上茎末端，贮藏了养分后膨大的地下茎，基本呈球形	（芋头、藏红花）
	块茎	长在地下茎尖端或中间、长了芽的不规则块状结构，是一种贮藏了养分膨胀而成的地下茎	细齿南星、菊芋、薯蓣 （土豆、仙客来）
	根状茎	外形像根的地下茎（节间有比较特别的小叶痕，所以可以和根加以区别）	艾草、酸模、虎杖、蜘蛛抱蛋、铃兰、山萆薢、芒草、大鸣子百合、玉竹、博落回、明日叶、大吴风草 （藕）
根	块根	侧根贮藏了养分和水分后变粗的部分	千叶萱草、何首乌、王瓜、葛 （甘薯、大丽菊）
	肉质根	主根贮藏了水分和养分后变粗的部分	野生萝卜 （胡萝卜、芜菁）

索 引

【A】
艾 草 .... 13、46

【B】
白 及 .... 18、20、21
百合根 36
博落回 .... 39、46

【C】
侧 根 .... 5、46
丛 生 .... 7、9、12、17

【D】
大鸣子百合 .... 38、46
大吴风草 .... 40、45、46
地下茎 .... 5、28、31、46
荻 32
多年生草本植物 .... 4、25、46
肉质根 .... 5、42、46

【E】
二年生草本植物 46

【G】
葛 .... 4、22、26、34、35、46
根状茎 .... 5、9、12、13、17、19
　　　　　　　20、23、30、32、38、39、44、45、46

【H】
何首乌 .... 26、30、46
胡枝子 .... 22、26
虎 杖 .... 17、46
红花酢浆草 .... 24、46

【J】
基生叶 16
加拿大一枝黄花 9
假鳞茎 .... 20、21
桔 梗 22
菊 芋 .... 26、31、46

【K】
块 根 .... 5、15、30、33、35、46
块 茎 .... 2、5、20、24、27、28、31、46
款 冬 .... 12、45

【L】
姥百合 .... 37、46
鳞 茎 .... 2、5、7、8、24、36、37、46
铃 兰 .... 23、46

【M】
芒 草 .... 22、26、32、46
美洲商陆 .... 4、14
明日叶 .... 40、44、46

【Q】
千叶萱草 .... 15、46
球 根 .... 4、5、7
球 茎 .... 5、46
球序卷耳 25

【S】
山百合 .... 26、36、46
山萆薢 .... 30、46
石 蒜 .... 4、8、46
酸 模 .... 17、46
薯 蓣 .... 26、28、30、46

【W】
王 瓜 .... 26、33、46

【X】
西洋蒲公英 .... 6、10、11、46
细齿南星 .... 26、27、46
小 茄 25
须 根 .... 5、23、25、30、41

【Y】
羊 蹄 16
野生萝卜 .... 40、42、43、46
野 蒜 .... 4、7、46
一年生草本植物 46
薏 苡 .... 40、41
玉 竹 .... 38、46

【Z】
支柱根 5
蜘蛛抱蛋 .... 19、46
珠 芽 .... 7、28、30
主 根 .... 5、46

图书在版编目（CIP）数据

我的草根观察图鉴 /（日）奥山久著；程俐译. —
郑州：大象出版社，2020.5（2022.5重印）
ISBN 978-7-5711-0571-6

I. ①我… II. ①奥… ②程… III. ①植物－根系－
图集 IV. ①Q944.54-64

中国版本图书馆CIP数据核字(2020)第040690号
豫著许可备字：2020-A-0039

KUSA NO NE TANKEN BOKU NO SIZEN KANSATSU KI
© HISASHI OKUYAMA 2014
Originally published in Japan in 2014 by SHONEN SHASHIN SHIMBUNSHA、INC.
Chinese (Simplified Character only) translation rights arranged with
SHONEN SHASHIN SHIMBUNSHA、INC. through TOHAN CORPORATION, TOKYO.

本书中文简体版权归属于银杏树下（北京）图书有限责任公司

我的草根观察图鉴
WO DE CAOGEN GUANCHA TUJIAN

[日]奥山久 著
程俐 译

出版人	汪林中	选题策划	北京浪花朵朵文化传播有限公司
出版统筹	吴兴元	编辑统筹	张丽娜
责任编辑	王 冰	特约编辑	马 丹
责任校对	毛 路	营销推广	ONEBOOK
美术编辑	杜晓燕	装帧制造	墨白空间·余潇靓

出版发行　大象出版社（郑州市郑东新区祥盛街27号　邮政编码 450016）
　　　　　发行科　0371-63863551　总编室　0371-65597936
网　　址　www.daxiang.cn
印　　刷　北京盛通印刷股份有限公司
经　　销　全国新华书店
开　　本　787 mm×1092 mm　1/16
印　　张　3
字　　数　40千字
版　　次　2020年5月第1版　2022年5月第2次印刷
定　　价　45.00元

读者服务：reader@hinabook.com 188-1142-1266
投稿服务：onebook@hinabook.com 133-6631-2326
直销服务：buy@hinabook.com 133-6657-3072
官方微博：@浪花朵朵童书

后浪出版咨询(北京)有限责任公司　版权所有，侵权必究
投诉信箱：copyright@hinabook.com　fawu@hinabook.com
未经许可，不得以任何方式复制或者抄袭本书部分或全部内容
本书若有印、装质量问题，请与本公司联系调换，电话010-64072833